DÉPARTEMENT DE LA GIRONDE. — ENSEIGNEMENT AGRICOLE.

LETTRES

ADRESSÉES

A MESSIEURS LES PROPRIÉTAIRES RURAUX ET CULTIVATEURS

DU DÉPARTEMENT DE LA GIRONDE.

QUATRIÈME LETTRE.

Égouttement et Assainissement des terres.

1852

OUVRAGES NOUVEAUX

QUI SE TROUVENT

CHEZ TH. LAFARGUE, IMPRIMEUR-LIBRAIRE,

Rue Puits de Bagne-Cap, 8, à Bordeaux.

Agenda pour l'Éducation rurale des Vers-à-soie dans le département de la Gironde; par M. OLIVIER DURANT, Membre de la Société d'Agriculture.

Brochure in-8.º — *Prix : 1 fr.*

De l'Influence comparative du régime végétal et du régime animal sur le physique et le moral de l'homme; par E. MARCHAND, *D.-M.-P.*

L'Académie Nationale de Médecine a décerné à cet ouvrage une récompence de SIX CENT FRANCS.

1 Vol. in-8.º — *Prix : 5 fr.*

ALMANACH GÉNÉRAL DE LA GIRONDE *pour* 1849.

1 gros Vol. — PRIX 2 *fr.* 25 ᶜ.

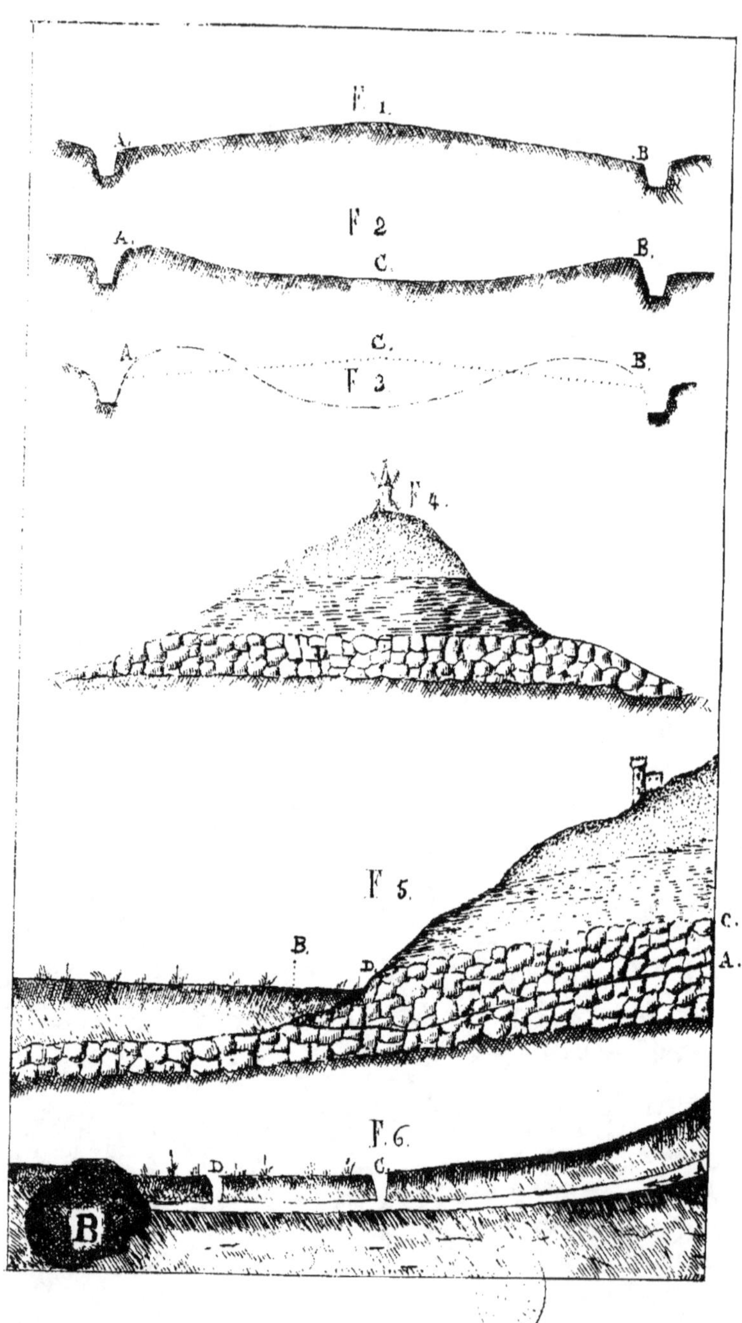
F 1.
A
B
F 2
A
C
B
C
A
B
F 3
A
F 4.
F 5.
B
C
A
D
B
F. 6.
D
C
A
B

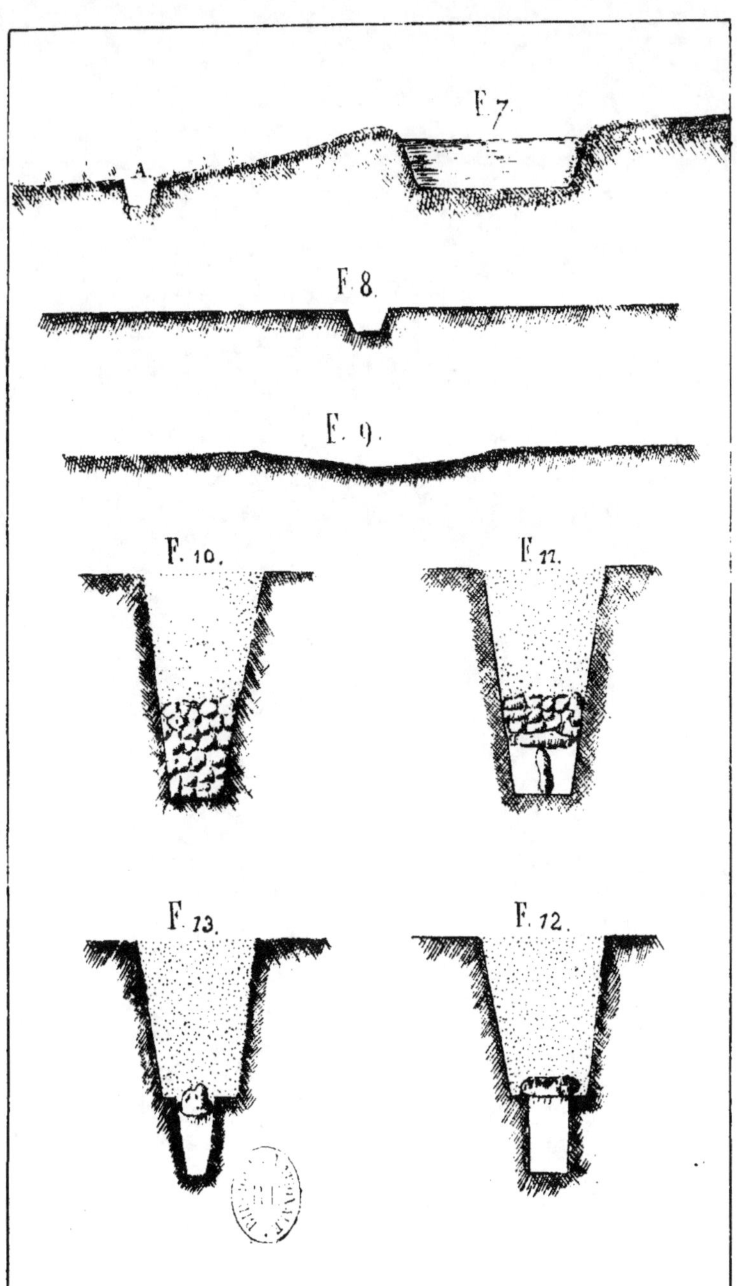
F. 7.
A
F. 8.
F. 9.
F. 10.
F. 11.
F. 13.
F. 12.

LETTRES

ADRESSÉES A MESSIEURS LES PROPRIÉTAIRES RURAUX ET CULTIVATEURS DE LA GIRONDE ,

QUATRIÈME LETTRE (1).

De l'égouttement et de l'assainissement des terres, dans la Gironde ; des manières de procéder à ces sortes de travaux et des avantages qu'ils peuvent offrir (2).

> » Le vice du trop d'eau excédant en malice et
> » celui des ombrage et celui des pierres, plus qu'à
> » ceux-ci faut-il aussi employer de labeur pour y
> » rémédier ».
>
> (Olivier de Serres).

MESSIEURS ,

La végétation et les produits en résultant, ont pour principales causes déterminantes, dans tous les pays , l'humidité et la chaleur.

---

(1) La première de ces lettres avait pour sujet : *Des Considérations physiques et morales qui militent en faveur de l'amélioration de notre agriculture , etc....* La seconde : *Exposé sommaire des principaux systèmes de culture suivis dans la Gironde et les autres départements méridionaux , etc....* La troisième : *Principes généraux et pratiques sur la culture du trèfle de Hollande, etc...* Voir l'Agriculture , années 1847 et 1848.

(2) Ce sujet , par son importance et les développements nom-

S'il était donné au cultivateur de pouvoir à son gré harmoniser ces deux causes, prévenir leur excès ou leur défaut relatifs; s'il lui était donné d'avoir, comme le métayer de Jupiter :

> .... du chaud, du froid, du beau temps, de la bise,
> Enfin du sec et du mouillé,
> Aussitôt qu'il aurait baillé.

l'art compliqué qu'il exerce perdrait aussitôt des difficultés sans nombre qu'il présente, et rien ne serait plus simple que d'obtenir de la terre les fruits qu'elle peut donner et de les obtenir avec toutes les conditions d'abondance et de qualité désirables.

Malheureusement il n'en est pas ainsi et, au contraire, rien n'est plus commun que ces excès, soit d'humidité, soit de chaleur, poussés au point de nuire sensiblement à la végétation et quelques fois même au point de la détruire complètement.

Sous tous ces rapports en effet, des différences notables sont faciles à signaler, non-seulement entre les contrées éloignées les unes des autres; mais encore entre les localités d'un même département, entre les terres de chacune de ces localités, et particulièrement entre les années qui se succèdent mais qui sont loin de se ressembler, ainsi que l'établit le proverbe.

Entre contrées éloignées : Qui ne sait la différence im-

---

breux qu'il comporte, suffirait à remplir un volume entier; en cherchant à le renfermer dans une lettre de quelques pages d'impression nous avons prouvé, si non qu'il nous était possible d'en faire l'exposé complet en peu de mots, au moins que nous avions un vif désir de porter à la connaissance des agriculteurs de la Gironde tout ce qu'il pouvait avoir d'intéressant pour eux.

mense qu'il y a à cet égard entre le Nord et le Midi de l'Europe, entre le Nord et le Midi de la France?

Tandis qu'au Nord, le cultivateur a sans cesse à lutter contre l'excès d'humidité ; tandis que toute sa sollicitude a pour objet principal les moyens à employer pour éloigner de ses champs l'eau qui pourrait leur nuire ; au Midi, au contraire, c'est contre la chaleur que s'ingénie le cultivateur ; c'est à prévenir l'excès de sa manifestation, c'est à mettre obstacle à sa durée qu'il s'applique par dessus tout.

De là aussi deux caractères bien distincts pour l'agriculture de ces deux parties de l'Europe. Au Nord, tous les produits que détermine la prédominance de l'humidité et surtout les herbages et les belles races d'animaux qu'ils servent à multiplier, à élever et à engraisser. Au midi, tous les produits que détermine la prédominance de la chaleur et surtout les vins généreux, les fruits parfumés et sapides, les couleurs vives et brillantes.

Entre localités d'un même département : Quel est l'observateur qui n'a pas été à même de constater cette différence, bien que la plupart du temps, nous en convenons, elle ait pu exiger de sa part une attention et une pénétration qui ne sont pas le partage de tout le monde?

Entre les terres de natures différentes : qui ne sait que l'humidité est particulièrement favorable à celles qui sont sablonneuses, friables, légères : qui ne sait au contraire que l'influence opposée prête le plus heureux concours à celles qui sont argileuses, lourdes, compactes et difficiles à s'égoutter et à s'échauffer?

Enfin entre les années : n'est-ce pas encore un fait de notoriété publique que la variation de ces dernières, que les résultats tout-à-fait dissemblables qui sont la conséquence de ces variations?

Dans nos contrées l'année est-elle plus sèche qu'humide,

la chaleur l'emporte-t-elle sur les autres expressions opposées ? Aussitôt nous entendons le cultivateur se réjouir d'avance des excellents effets que cela produira sur la récolte principale de la contrée : sur la qualité des vins. A cet égard, on se rappellera longtemps notamment de l'année 1811.

Au contraire, l'humidité l'emporte-t-elle de beaucoup sur la chaleur ? De toutes parts ce ne sont que des manifestations de craintes, que des appréhensions de résultats désavantageux. Témoin encore 1816. Et comme la préférence, dans un pays déterminé, accordée à un genre d'exploitation agricole est toujours fondée sur l'appréciation des circonstances les plus capables de le favoriser, c'est encore à notre pays qu'appartiennent ces proverbes :

> Année de foin
> Année de rien.
>
> Année d'herbe
> Jamais superbe.

Il ne suffit donc pas que la végétation ait de l'humidité et de la chaleur pour atteindre tout son développement possible, il faut encore qu'il y ait harmonie dans l'action de ces deux causes, que l'une ne l'emporte pas trop sur l'autre.

Si nous supposons que la somme de végétation soit le résultat de la multiplication de l'humidité par la chaleur(1).

---

(1) Les signes que nous allons employer ici sont trop généralement usités, dans les ouvrages les plus élémentaires, pour qu'ils ne soient pas facilement compris.

> $\times$ veut dire *multiplier par*.
>
> $=$ veut dire *égale*.

De même que :

> $+$ veut dire *plus*.
>
> $-$ veut dire *moins*.

Ainsi $15 \times 5 = 75$, est la traduction d'une opération dont

Si nous supposons en outre une contrée ou le maximum de ces deux expressions météorologiques puisse être représenté par le nombre 100 par exemple, nous arriverons à rendre extrêmement sensible, extrêmement facile à saisir, l'idée que nous venons d'exprimer.

L'humidité l'emporte-t-elle sur la chaleur de moitié, on a :

100 (d'humidité) $\times$ 50 (de chaleur) $=$ 5,000 (de végétation).

La chaleur l'emporte-t-elle sur l'humidité dans la même proportion, on a :

50 (d'humidité) $\times$ 100 (de chaleur) $=$ 5,000 (de végétation).

Enfin ces deux forces sont-elles en harmonie, on a le résultat tout-à-fait supérieur qui suit :

100 (d'humidité) $\times$ 100 (de chaleur) $=$ 10,000 (de végétation).

C'est sur ces bases, du reste, que repose la théorie des irrigations si avantageuse aux pays chauds, aux pays où la chaleur l'emporte de beaucoup sur l'humidité.

Soit un de ces pays, c'est toujours une supposition, avec 100 de chaleur, 25 d'humidité et donnant par conséquent 2500 de végétation.

100 (de chaleur) $\times$ 25 (d'humidité) $=$ 2500 (de végétation).

Si l'on parvient, dans ce pays, par des travaux d'irrigation, à élever la quantité relative d'humidité de moitié, on a tout-à-coup le double de produit; car,

100 (de chaleur) $\times$ 50 (d'humidité) $=$ 5,000 (de végétation)

et la progression peut continuer jusqu'à ce que les deux

---

on n'indique que les résultats, de la multiplication suivante :

15 d'humidité ,

Multipliés par   5 de chaleur ,

Donnent un produit égal à 75 de végétation.

forces soient arrivées à se balancer; elle peut aller jusqu'au produit 10,000.

Nous venons de voir quelles étaient les conséquences de
la prédominance de la chaleur sur l'humidité et de l'humidité sur la chaleur, par rapport à la végétation, mais contenues l'une et l'autre dans des limites utiles; maintenant
examinons, avec la même brièveté, quelles sont les conséquences de cette même prédominance, mais dépassant ces
limites, mais poussée à l'excès.

La chaleur et la sécheresse réunies, dit le savant physiologiste de Candolle, tendent à empêcher les végétaux
de pousser en branches et en feuilles et les disposent par-
là quelquefois à fleurir plus promptement et plus facilement.

Les raves que l'on sème dans le trèfle *farouch*, à la fin
de l'été, nous offrent un exemple de ce fait, toutes les fois
que les pluies se font attendre et que la chaleur se maintient. Alors, au lieu de se développer de manière à pouvoir offrir en hiver une précieuse ressource pour le bétail
et pour le ménage, elles s'élèvent rapidement, fleurissent
et graînent sans que leur racine ait grossi.

Si la chaleur et la sécheresse continuent, toute végétation des plantes herbacées s'arrête. Les feuilles jaunissent
et tombent, bientôt les tiges se dessèchent, et, si les racines ne sont pas assez profondément enfoncées dans la terre
pour échapper à cette atteinte destructive, le végétal
meurt.

Nous avons encore un exemple de tout cela dans nos
prairies naturelles. Nous savons effectivement que si elles
ne sont pas dans des terrains frais, il n'est pas rare de les
voir, aux mois d'Août et de Septembre, changer leur ver-
dure contre une couleur jaune très-prononcée et ne plus
offrir que des feuilles sèches et crispées qui se réduisent

en poussière sous les pieds des hommes et des animaux (1).

La trop grande abondance d'eau, dit encore le physiologiste que nous venons de nommer, produit tous les effets inverses de ceux que nous avons attribués à la chaleur et à la sécheresse réunies : à un premier degré, et pour un temps court, elle accélère la végétation des parties foliacées, et tend à retarder celle des fleurs et la maturation des fruits ; à un degré plus grand, elle détermine la désarticulation des organes articulés, ou la pourriture des parties vertes, si la plante est exposée à l'obscurité, ou uu développement outre mesure de ces mêmes parties, si la plante est exposée à la clarté. L'eau stagnante sur le sol, vers le collet des plantes, offre, outre le danger de les pourrir, l'inconvénient d'empêcher l'abord de l'oxigène de l'air vers les racines.

Nous savons comment les longues pluies traitent nos blés et nos vignes. Sous cette influence, les premiers nous donnent beaucoup de paille, beaucoup d'herbes et peu de grain. Les secondes, continuant à pousser quand elles devraient mûrir le raisin, ne nous offrent que du verjus.

Sur les places où l'eau a séjourné, dans les champs, le blé, d'abord rare et étiolé, finit bientôt par disparaître, et les quelques pieds qui résistent ne donnent que de maigres épis et des grains rachitiques.

Tous les cultivateurs savent également que les terres

---

(1) Les sécheresses sont des phénomènes météorologiques malheureusement trop communes sous notre climat. Les livres révélés nous les présentent, avec juste raison, comme une des plus terribles manifestations de la colère divine « Que la colère » de l'Éternel ne s'allume contre vous, et qu'il ne ferme les » Cieux, tellement qu'il *n'y ait plus de pluie*, et que la terre » ne donne plus son fruit... » (*Deutéronome*, ch. XI).

humides sont des terres froides, et les terres froides des terres paresseuses ; et voilà pourquoi et avec une grande raison, la pratique attache le même sens aux qualifications *terre humide* et *terre froide*, et pourquoi elle emploie volontiers l'une pour l'autre.

Quand l'hiver est fini et que les premiers rayons du soleil printanier commencent à frapper les terres, toutes ne s'échauffent pas avec la même rapidité; toutes ne font pas germer les graines qu'on leur a confiées avec la même promptitude ; toutes ne font pas bourgeonner les arbres qu'elles nourrissent, ne leur font pas pousser des feuilles dans le même temps.

Les unes, sous tous ces rapports, sont hâtives : ce sont celles qui sont légères, sablonneuses et disposées de telle sorte que l'eau ne séjourne pas sur leur surface.

Les autres, sous ces mêmes rapports, sont tardives : ce sont celles qui sont grasses, argileuses et disposées de telle sorte qu'elles s'égouttent difficilement, qu'elles retiennent longtemps l'eau de l'hiver (1).

Or, pour que les graines germent, pour que les bourgeons se développent, pour que les feuilles paraissent, il faut que la terre, au printemps, ait été échauffé par les rayons du soleil.

Mais la chaleur, que portent ces rayons, ne profite aux

----

(1) Certaines circonstances, il est vrai, en dehors de la nature intime de la terre peuvent agir avec une grande puissance sur son retard ou sa précocité. Parmi ces circonstances citons la nature du sous-sol. Effectivement, si le sous-sol est imperméable, s'il retient l'eau comme celui des landes (l'*alios*), alors la terre, essentiellement légère de sa nature, essentiellement disposée à se dessécher, reste cependant longtemps humide au printemps et se montre tardive, comparativement à d'autres moins bien disposées sous tous ces rapports.

terres qu'autant que celles-ci ont été débarrassées d'abord de l'excès d'humidité qu'elles contenaient et, dès-lors, c'est ce dégré d'humidité qui décide de leur plus ou moins de promptitude à s'échauffer.

Soient les deux terres A et B.

LE SOLEIL FRAPPANT ÉGALEMENT CES

DEUX TERRES , DONNE A CHACUNE :

A.	B.
Chaleur. .... 100.	Chaleur. .... 100.
Chaleur absorbée par	Chaleur absorbée par
l'humidité .... 50.	l'humidité .... 100.
Chal.ʳ acquise à la terre .50.	Chal.ʳ acquise à la terre.000.

A est sablonneuse , légère et bien égouttée ; son humidité au printemps est égale à 50 par exemple.

B est argileuse, grasse et mal égouttée ; son humidité au printemps est égale à 100 par exemple.

Le même soleil les frappe toutes deux et la somme de chaleur qu'il leur apporte est égale à 100 par exemple.

Il arrivera :

1.º que, des 100° de chaleur qui tombent sur la terre *A*, 50 seront employés pour combatre et vaporiser l'humidité contenue, et que 50 seulement seront acquis à la terre pour l'échauffer.

2.º que des 100° de chaleur qui tomberont sur la terre *B*, 100° seront employés pour combattre et vaporiser l'humidité contenue et qu'il ne restera à la terre , pour s'échauffer, que 0° de chaleur.

La physique démontre en effet que c'est par la vaporisation que l'eau contenue dans une terre se dégage et elle nous dit que pour produire une quantité de vapeur égale , en poids, à 1 gramme, il faut la même quantité de chaleur capable d'élever de 1 degré la température de 550 grammes d'eau à 0°.

Ne savons-nous pas combien les pluies intempestives de l'été et de l'automne, refroidissent la terre et retardent les récoltes ?

Ne voyons-nous pas, lorsque nous approchons du feu pour sécher nos vêtements mouillés, qu'ils fument et que nous n'éprouvons nous-mêmes l'effet de la chaleur que lorsqu'ils sont secs (1) ?

De tout ce qui précède, nous pouvons donc conclure :

1.° Que l'humilité et la chaleur sont les deux causes déterminantes de la végétation ;

2.° Que la puissance de ces causes est à son maximum lorsqu'elles s'harmonisent ;

3.° Que l'irrigation est le moyen le plus efficace, sinon toujours le plus facile, que peut employer le cultivateur pour rétablir cette harmonie, quand c'est la chaleur qui l'emporte sur l'humidité ;

4°. Que l'égouttement, l'assainissement des terres sont les moyens auxquels il doit recourir quand c'est l'humidité qui domine : soit d'une manière durable : soit d'une manière passagère.

Maintenant, si de ces principes généraux nous passons aux applications nombreuses qu'il est possible d'en tirer, nous dirons qu'il est plus particulièrement une saison,

---

(1) Ce fait nous explique la nécessité dans laquelle se trouvent les ouvriers de changer leur chemise, quand un travail opiniâtre la leur a fait mouiller. S'ils ne la changeaient point, c'est en vain qu'ils espéreraient recevoir le concours bienfaisant de la chaleur solaire, toute cette chaleur serait absorbée par le linge mouillé, et le froid qu'ils éprouveraient, les exposeraient à prendre les maladies les plus graves.

l'hiver, où l'humidité, presque pour toutes les terres, peut être un obstacle formidable à leurs produits.

Que, durant les autres saisons de l'année, il est bien des circonstances aussi, où le même inconvénient peut se renouveler;

Enfin, qu'il est certaines causes, indépendantes du climat et des saisons, comme des sources, des infiltrations souterraines, etc., susceptibles de fixer, dans une terre, une humidité surabondante, au grand désavantage du parti qu'il serait possible d'en tirer.

I.

Des terres qui ont à redouter l'humidité par suite du défaut de nivellement.

Si l'on songeait à la quantité d'eau qui tombe annuellements ur un espace déterminé de terre, on en serait effrayé :

Dans la Gironde, par exemple, cette quantité atteint année moyenne, une hauteur de $0^m 6591$; ce qui fait par mètre carré 6 hecto. 591, et par hectare 65,910 hecto. (1).

Or, cette masse d'eau, la terre a quatre moyen de s'en débarrasser :

1.° L'absorption et la transpiration des plantes ;
2.° L'évaporation directe de la terre ;
3.° L'écoulement dans les couches inférieures du sol ;

---

(1) Si nous voulons convertir ces hectolitres d'eau en barriques, nous nous rappellerons que la contenance de chaque barrique est de 2 hect. 28 l., or :

$$\frac{65,910}{2,28} = 28,907.$$

Ainsi c'est, dans la Gironde et annuellement, 28,907 barriques d'eau que reçoit chaque hectare de terre, par les pluies !

4.° L'éloignement par l'effet des pentes, des rigoles, des fossés, etc.

L'eau de végétation que contiennent les plantes, qui maintient leur fraîcheur et charrie dans leur intérieur les matières qui doivent les nourrir, est sans cesse renouvelée.

Cette eau pénètre par leurs racines, monte dans leurs tiges et dans leurs branches et vient enfin dans leurs feuilles, d'où elle se dégage dans l'air sous forme de vapeur (1).

Bien que ce dégagement échappe à nos sens, il n'en est pas moins considérable et nous devons considérer comme autant de preuves de sa réalité : d'abord le sentiment de fraîcheur que l'on éprouve l'été sous des arbres touffus : puis, en grande partie aussi, ces gouttelettes d'eau dont se montrent couvertes le matin les feuilles des plantes herbacées (2).

---

(1) « Nous ne pourrions apercevoir la vapeur qui s'échappe » de la surface des plantes, pas plus que nous ne voyons celle » qu'exhalent les animaux, à moins que l'atmosphère ne soit » assez froide pour la condenser; mais nous savons que chez » l'animal, comme chez la plante, la transpiration s'opère » constamment; et il paraîtrait qu'elle est même plus abon- » dante chez l'une que chez l'autre. Si on place sous un globe » de verre une plante chargée de feuilles, et qu'on expose le » tout au soleil, les parois du vase se couvriront prompte- » tement d'une rosée produite par la condensation de la trans- » piration insensible du végétal ». (JONH LINDLEY : *Théorie de l'horticulture*).

(2) « On avait cru jadis que ces gouttelettes d'eau, très- » visibles aux premiers rayons du soleil levant, étaient dépo- » sées par la rosée; mais Mussenbroeck a le premier démontré » qu'on les trouve aussi sur les plantes abritées, et qu'elles » doivent être rapportées à l'action du végétal vivant ». (DE CANDOLLE : *Physiologie végétale*).

Des expériences extrêmement curieuses tentées par le physicien Halles ont démontré, par exemple, que la plante nommée Tournesol ou soleil (*Helianthus annuus*) transpirait, à surfaces égales, 3 fois $^1/_2$ plus qu'un homme et, à masses égales, 17 fois plus qu'un homme.

M. de Gasparin, se fondant sur les observations de Halles qui établissent en outre qu'un mètre carré de feuilles de vigne évapore en douze heures 0 lit. 146 d'eau, et d'après les siennes propres, la moitié en sus pour la nuit, soit 0 lit. 249 par vingt-quatre heures, est arrivé aux résultats curieux qui suivent.

» Nous avons trouvé, dit-il, que la vigne sur laquelle nous faisions nos observations avait 120 feuilles par cep moyen; la surface moyenne des feuilles était 0^m 50 carrés; elles représentaient toutes ensemble 6^m 00 ($120 \times 0,50 = 6,00$) et leur évaporation était de 0 lit. 1214. La vigne contenait 4,000 ceps par hectare qui faisaient ainsi une consommation journalière d'eau de 5 hecto. 25 ».

Maintenant si, poussant ce calcul plus loin, nous faisons remarquer que la vigne jouit de la totalité de ses feuilles, organes essentiels de transpiration, depuis le 1.er Mai jusqu'au 31 Octobre, c'est-à-dire durant 184 jours, nous avons, pour la somme totale de l'eau enlevée à la terre annuellement par cette plante, 966 hecto. 00 ($184 \times 525 = 966,00$).

Ce que nous disons pour la vigne, ce que des observations du plus haut intérêt nous ont permis de traduire en chiffres, a lieu pour toutes les autres plantes que nous cultivons. Toutes transpirent, toutes enlèvent à la terre, par leurs racines, l'eau qui se dégage ensuite de leurs feuilles, sous forme de vapeur. Et, s'il arrive que la terre comme dans les longues sécheresses, ne puisse pas fournir cette eau, les feuilles des plantes se flétrissent, se dessèchent et finissent par tomber. C'est ce que nous voyons trop souvent à la fin de l'Été.

La terre a, par elle-même, une puissance d'évaporation extrêmement prononcée quoique subordonnée, comme on le comprendra facilement, à sa qualité, à son exposition, à la température de l'air, aux vents qui règnent, etc...

Sans vouloir ici entrer dans des calculs pour lesquels du reste nous manquerions de documents, nous ferons remarquer avec quelle facilité nos terres se dessèchent en été surtout, même après des pluies longues et abondantes; combien elles perdent rapidement l'humidité qu'elles avaient acquise et dont il ne nous est pas dès-lors possible de profiter pour des semis que nous aurions à faire.

Un célèbre physicien, Curwen, prétend s'être assuré qu'il s'évapore, en une heure, d'un hectare de terre fratchement labouré, 11 hecto. 87 d'eau. Ce qui ferait, pour 24 heures, 284 hecto. 88 ($11,87 \times 24 = 284,88$) (1). Il est vrai que la puissance d'évaporation diminue à mesure que la terre se dessèche.

Si la terre n'est pas trop compacte, si son sous-sol n'est pas impénétrable à l'eau, comme l'*alios* des landes ou l'argile dure et ocrassée de l'Entre-deux-Mers; enfin si elle est labourée à une profondeur suffisante, une grande partie de l'eau qu'elle reçoit annuellement s'infiltre dans ses couches inférieures. Celle qui ne va pas trop profondément fournira aux racines, pendant l'été surtout, l'humidité dont elles ont besoin.

On sait effectivement que, même pendant les plus grandes chaleurs, lorsqu'on fouille la terre, soit pour creuser

---

(1) Delà le danger, bien connu des cultivateurs, de travailler les terres par les temps de sécheresse. Olivier de Serres a dit :

A la terre qui est sans humeur,
Ne touche le laboureur.

des fossés, soit pour planter, etc... on la trouve de plus en plus humide. C'est ainsi, qu'étant descendu dans les carrières des environs de Créon, d'où l'on tire la terre pour la poterie, vers la fin de l'Été au mament où tout était sec et grillé, nous remarquâmes que les voûtes de ces carrières, à 4 mètres seulement en contre-bas du sol, laissaient dégoûter de l'eau en abondance (1).

Quant à la portion de cette eau qui pénètre plus profondément encore, elle va se joindre aux réservoirs et aux courants souterrains, pour alimenter les sources.

Enfin, une grande partie de l'eau qui tombe annuellement sur nos terres s'en éloigne par l'effet des pentes, des rigoles et des fossés.

C'est ici surtout que le cultivateur peut intervenir ; car il dépend de lui de disposer ses champs plus ou moins bien pour cet écoulement et, malheureusement, c'est ce qu'il néglige la plupart du temps.

Cependant il y a le plus haut intérêt et plusieurs usages

---

(1) Comme le climat du Midi est plus desséchant que celui du Nord, la Providence paraît avoir voulu attènuer cet inconvénient par une disposition particulière des terres. « Mais la » nature, dit M. de Gasparin, semble avoir accordé une com- » pensation aux régions Méridionales de l'Europe, en leur don- » nant des terrains dont la couche végétale est plus profonde » que dans le Nord. Le sol y est en général, herissé de monta- » gnes ; il semble avoir été plus tourmenté par les convulsions » de la terre, et il présente ainsi des *diluviums* et des alluvions » étendues et épaisses sur le plus grand nombre de points ; » tandis que les grandes plaines du Nord qui s'étendent de la » Belgique en Russie ont généralement une couche végétale » moins épaisse et plus uniforme, excepté dans le voisinage » immédiat des rivières ». (*Mémoires*, tom. 3).

même auxquels il s'assujettit, sans y avoir toujours suffisamment réfléchi, devraient le lui rappeler.

Ainsi pourquoi, dans tout l'Ouest et le Sud-Ouest de la France, cultive-t-on la terre à billons étroits et relevés, formés de quatre tours de charrue et même de deux seulement, comme dans la lande? Si non pour préserver les récoltes d'hiver, le blé, de l'excès d'humidité qui pourrait leur nuire pendant nos pluies diluviennes de cette saison et du printemps. Sinon aussi pour procurer à cette humidité un prompt écoulement, alors qu'il serait à craindre que des gelées sans neige et des dégels suivant immédiatement les pluies, ne vinssent à soulever la terre et à mettre à nu les racines des plantes.

Nos terres contiennent en général une assez forte proportion d'argile et l'on sait que c'est là une des circonstances qui les rendent propres au froment (1). Or, l'argile retient l'humidité avec force, en quelque sorte comme le ferait une éponge. Si donc il arrive qu'immédiatement après les pluies le froid s'établisse, sans que nos champs aient été recouverts par la neige, par ce manteau que Dieu, selon les expressions sublimes du psalmiste jette sur les épaules de la terre pour la préserver du froid, alors l'eau qu'elle contient entre ses molécules passe à l'état de glace et comme cette eau acquiert ainsi un volume plus considérable (2), elle soulève la terre et met à nu les racines du blé.

---

(1) « Plus le sol contient d'argile, et par conséquent moins il contient de sable, plus il est qualifié pour le froment, et moins il l'est pour le seigle ». (Thaër).

(2) Les ménagères savent très-bien que, si elles laissent leur cruche pleine le soir, quand il fait bien froid, le lendemain elles trouvent l'eau glacée et la cruche cassée.

Écoutons, sur ce sujet, un des agronomes les plus distingués de la France. « La couche supérieure de la terre en se gelant se dilate la première, se soulève en proportion de la quantité d'eau qu'elle renferme, et entraîne avec elle les plantes qu'elle porte ; ces plantes en se soulevant font effort sur l'extrémité de leurs racines contenues dans la partie du sol non gelé et qui ne s'est pas dilaté avec la couche supérieure, et les brisent en partie ; le sol se dégèle au milieu du jour, sa dilatation cesse, le terrain dilaté revient à son volume normal, et retombe ; mais le dégel commence par la surface supérieure et laisse à découvert une partie de la plante recouverte par la terre avant les gelées : le dégel se continue ; la plante soutenue par les parties encore gelées, ne s'affaisse pas avec le sol, en sorte qu'elle reste déchaussée de tout le surplus d'épaisseur qu'avait donné la dilatation à la tranche supérieure ; le lendemain le même effet se renouvelle, le froid dilate de nouveau la couche supérieure, achève de briser ou soulève avec elle les petites racines épargnées ; le dégel du jour survient, la plante se déchausse comme la veille de tout le surplus de l'épaisseur que la dilatation avait donnée à la couche supérieure, et lorsque les gels et dégels se prolongent, la plante a perdu une grande partie de ses racines, et si elle est courte et faible, elle se trouve souvent arrachée (1) ».

En parlant des mémorables froids de 1709, M. Bernadeau dit, dans son Histoire de Bordeaux : « *Lors du dégel, les froments semés dans les bons fonds étant gelés, il n'en resta que dans les terres maigres et sablonneuses* ». Et pourquoi cela ? parce que les terres maigres et sablonneuses retenant moins d'eau, s'égouttant plus facilement,

---

(1) M. A. Puvis : *Des gelées sans neige et de leur effet sur la végétation.*

eurent moins à craindre que les bons fonds, c'est-à-dire les terres plus argileuses, les terres fortes, les effets des gelées.

Nous tenons d'un ancien praticien cette autre observation, qu'après une année très-froide qu'il n'a pu nous désigner, les blés se trouvèrent détruits à l'exception des pieds situés sur la crête des billons. Ne comprend-on pas encore qu'en cette occasion il en fut ainsi parce que la crête des billons se trouva égouttée quand les gelées commencèrent, tandis que les ados étaient encore surchargés d'humidité.

Tout cela nous explique surabondamment pourquoi nous avons un si grand intérêt à bien égoutter nos terres ; pourquoi nous persistons à les disposer en billons, et pourquoi aussi la neige, en hiver, nous paraît d'un si favorable augure :

De la neige et bon hiver,
Mettent le blé à couvert.

Mais les mêmes raisons qui font que les billons sont très-favorables aux cultures d'hiver, au blé surtout, que l'ancien système, blé et jachère, avait uniquement en vue, font aussi qu'ils contrarient au dernier point les cultures d'été : notamment celle des prairies artificielles, aujourd'hui si utiles. Cette disposition de la terre expose effectivement les plantes de ces prairies, le trèfle, etc..., à toutes les rigueurs de nos chaleurs et de nos sécheresses, elle est un obstacle aussi à la facilité de leur récolte.

N'est-ce pas pour obvier à cet inconvénient grave que l'on a l'habitude de semer en planches les fourrages qui doivent végéter en été et en automne : les trèfles farouch, les maïs-fourrages, etc... (1).

––––––––––––––

(1) Un autre fait qui prouve qu'effectivement le billonage a eu pour causes principales les nécessités démontrées par le blé, durant l'hiver, sous le climat que nous habitons, c'est que,

Or , comme les progrès que doit faire notre agriculture ne peuvent se traduire , pour le moment, que par l'augmentation des fourrages , en vue de pouvoir nourrir plus d'animaux et d'avoir plus d'engrais. Comme ces progrès nous forceront à nous départir d'un assujettissement trop rigoureux au billonage des terres. Comme tous ceux qui ont voulu renoncer à ces billons et cultiver en planches, avant d'avoir convenablement égoutté et assaini leurs terres, ont trop souvent éprouvé des mécomptes, notre plus grand intérêt, notre intérêt le plus immédiat, c'est de procéder à l'égouttement et à l'assainissement de nos terres ; c'est de les préserver de l'excès d'eau qui peut nuire aux récoltes que nous leur confions l'hiver, sans exposer à l'excès contraire celles qu'elles doivent nous donner pendant l'été. « L'assainissement des terres , dit Thaër , doit précédér tout perfectionnement dans la culture, puisque sans cet assainissement , le perfectionnement demeurerait sans aucun effet ».

Une cause capitale du séjour de l'eau sur les terres du département de la Gironde , des espèces d'étangs que nous offre le plus grand nombre de ces terres pendant l'hiver et une partie du printemps, c'est le défaut d'un nivellement convenable.

Quel qu'ait été , dans le principe , l'état de ces mêmes

---

sous ce même climat, lorsqu'il s'est agi de cultures d'Été un peu importantes , on a bien su s'en affranchir et procéder d'une manière plus convenable, par rapport à la saison sous l'influence de laquelle on allait se trouver placé. Ainsi le chanvre , qui est une branche essentielle de revenu dans la plaine de la Garonne, de La Réole à Agen , et que l'on sème à la fin d'Avril pour le récolter en Août, le chanvre se cultive sur des terres présentant une surface complétement unie, ou à *plat*, comme on le dit en terme de pratique.

terres, sous le rapport dont il s'agit, l'habitude de les la-
bourer toujours dans le même sens et l'emploi, pour ce
labour, d'une charrue qui, au lieu de diviser la terre, de
la soulever et de la renverser, la refoule et la transporte
aux deux extrémités du champ, a fait que, pour la plus
grande partie de ces terres, particulièrement pour celles
qui sont situées en plaine, il ne s'est plus trouvé d'issues
pour l'eau surabondante qu'elles recevaient dans les saisons où les pluies sont longues et l'évaporation extrêmement restreinte.

Une figure fera parfaitement comprendre tous ces détails.

Soit la pièce de terre A. B. fig. 1, ayant pour limites,
aux deux extrémités, un fossé et un chemin et se trouvant
labourée dans le sens de A à B et dans celui de B à A;
tant que cette terre a eu les deux pentes qu'elle repré-
sente, c'est-à-dire de C en A et de C en B, il est évident
que son égouttement n'a pu rencontrer aucune difficulté et
qu'e l'excès d'eau n'a pas dû y gêner les récoltes.

Mais lorsque tout cela a été changé, par suite des causes ci-dessus signalées, et que la même terre est arrivée
au point de présenter l'aspect tout-à-fait opposé de la fig.
2, il est évident encore que l'égouttement n'a plus été possible et que l'excès d'eau a dû rester sur la pièce et s'accu-
muler au point C.

Le remède à un état de choses aussi déplorable, aussi
dangereux pour le bien de la terre dont il s'agit, pour le
parti que l'on peut en tirer, c'est un remaniement que fait
parfaitement comprendre la fig. 3. Ce remaniement consiste
à rétablir les pentes comme elles étaient d'abord, à redon-
ner au champ le relief indiqué par la ligne pointée A C B.
Pour cela, il faut prendre aux extrémités A et B toute la
terre comprise entre la ligne pleine et à la ligne pointée et
la porter au milieu C, pour remplir l'espace également
compris entre la ligne pleine et la ligne pointée.

Ce sont des opérations de ce genre, bien simples, bien faciles à comprendre et à exécuter, qui ont donné, dans plusieurs localités que nous pourrions citer, une prospérité toute nouvelle.

Il faut ajouter aussi, et nous regrettons de ne pouvoir que mentionner ce nouveau fait, qu'il y a, même dans le transport de la terre, dans son simple déplacement, quelque chose qui agit de la manière la plus sensible sur les récoltes qui suivent.

Il est vrai que d'abord les parties d'où la terre a été enlevée, les extrémités A et B, se montrent faibles : la terre y est crue et les engrais météoriques, comme les désigne l'abbé Rozier, ont besoin d'agir sur elle. Mais un peu plus de fumier dans le commencement, quelques excitants, comme de la poudrette, du guano, de la colombine, etc..., ont promptement rétabli l'harmonie.

Si les cultivateurs accordaient à la circonstance des transports de terre toute l'attention qu'elle mérite, ce ne serait pas seulement en vue de niveler leurs champs qu'ils entreprendraient des transports de terre ; mais aussi en vue de les améliorer très-sensiblement et pour de longues années.

C'est ainsi qu'ils ramasseraient avec soin ces monticules qui se forment autour des habitations, le long des chemins peu fréquentés, etc..., pour les déposer sur des champs qu'une culture souvent inintelligente est parvenue à épuiser. La terre, dit M. Deseymeris, n'est pas à proprement parler un engrais ; cependant l'application de la terre, la pratique du terrage produit, dans la plupart des cas, une telle amélioration du sol que, du moins sous le rapport de la durée, les effets surpassent ceux d'une bonne fumure d'engrais ordinaire. Répandre de mauvaise terre sur un bon sol, ce serait folie ; mais conduire de bonne terre sur un mauvais sol, c'est d'une sage industrie et d'un avantage évident. Quel est le cultivateur ayant à sa disposition d'excellente terre dans des ravins , des fossés , des bas-fonds, qui l'y laissera croupir sans en tirer parti, pendant qu'il épuisera ses champs en leur demandant plus qu'ils ne peuvent produire , et quel nom lui donnerons-nous ?

Il est , dans la Gironde , un exemple de ce genre d'application tel qu'on en rencontrerait peu en France de pareils. Nous voulons parler des énormes excavations qui ont été faites dans le village de Hure, canton de La Réole, afin de disposer de la terre qu'elles ont fournie pour l'amélioration des champs voisins (1).

Nous regrettons aussi de ne pouvoir entrer dans quelques détails sur les calculs applicables aux transports de terre et aux frais auxquels ils peuvent donner lieu. Pour cela nous renverrons à notre ouvrage sur la *Connaissance des terres cultivées* , pag. 262-265 (2).

---

(1) Voir sur ce sujet, l'*Agriculture* , année 1846 , pag. 285.

(2) Nous croyons néanmoins que le tableau suivant pourra être utile à quelques propriétaires.

TEMPS QU'UN TERRASSIER EMPLOIE POUR PIOCHER , CHARGER DANS UN TOMBEREAU OU JETER SUR BERGE UN MÈTRE CUBE DES TERRES SUIVANTES :

NATURES DES TERRES.	HEURES ET MINUTES.	
Terre de qualité ordinaire.	1 h.	21 m.
— marneuse et argileuse, moyennement compacte.	2	2
— — — compacte.	2	34
— — — fortement imbibée d'eau,	2	58
— crayeuse.	2	42
— tuf moyennement dur.	4	35
— tuf très-dur.	5	32

II.

Des terres qui ont à redouter l'humidité par suite de sources ou d'infiltrations.

Les terres qui doivent une humidité nuisible aux efforts que font, pour se frayer une issue, pour s'épancher au dehors, les eaux souterraines, doivent nécessairement se trouver dans une situation plus basse que celles qui les environnent d'une manière plus ou moins prochaine.

Ce sont effectivement les contrées accidentées, les contrées offrant des coteaux, des vallons, des plaines qui présentent fréquemment ce genre d'inconvénient.

Les raisons de ce fait sont d'une démonstration facile.

La partie du département de la Gironde que l'on désigne sous le nom d'Entre-Deux-Mers est coupée, dans tous les sens, par de nombreux coteaux, entre lesquels s'étendent des vallons et des plaines. En outre, au Nord et au Sud de cette contrée, le terrain prend uniformément une surface plate et horizontale de plus en plus régulière, jusqu'au point où, sous le nom de *palus*, il va aboutir, d'un côté, à la Dordogne, et de l'autre, à la Garonne.

Ces coteaux, si on les coupait verticalement comme cela a eu lieu notamment à Lormont pour les travaux du chemin de fer, on s'apercevrait qu'ils sont le résultat de la superposition de couches de terrains de natures diverses et assez faciles à distinguer les unes des autres.

Ordinairement ce sont, ainsi que nous l'indiquons dans la fig. 4, et en allant de haut en bas : de l'argile de plus en plus pure à mesure que l'on creuse ; puis de la marne également de plus en plus pure ; puis enfin du calcaire ou de la pierre à chaux, soit en fragments soit en blocs.

Or, dans nos contrées, les eaux qui forment nos fontaines jaillissantes sourdent ordinairement de la couche calcaire vers les points où celle-ci est en contact avec la couche marneuse, en A A de la fig. 4.

Mais aux points où apparaît cette couche calcaire, c'est-à-dire aux pieds des coteaux, les terres transportées par les eaux des ruisseaux et des torrents, les terres descendues des hauteurs voisines, les terres qui ont formé les plaines et les vallons l'ont plus ou moins recouverte.

Ainsi, soit, fig. 5. Dans cette figure nous distinguons les trois couches principales de terrains signalées ci-dessus : 1.º calcaire, 2.º marne, 3.º argile, sable, gravier, etc... Si nous supposons maintenant que, dans la couche calcaire, circule l'eau d'une source ; que cette eau suive le trajet indiqué par la ligne A B, il est clair que son issue naturelle sera à l'extrémité de cette ligne, au point B.

Mais là, une masse considérable de terre rapportée se rencontre et obstrue cette issue ; alors l'eau ne pouvant pas sortir librement, se répandra dans cette même terre, fera effort sur elle, en raison de la hauteur du bassin qui l'alimente et des facilités qu'ont offert à son passage les couches qu'il lui a fallu traverser pour arriver jusqu'en B, et la maintiendra à l'état de marais jusqu'à ce que des travaux aient été exécutés pour remédier à cet arrangement des choses.

Si, au lieu de couler de A en B, cette même eau eût coulé de C en D ; arrivée à ce dernier point, elle eût pu sortir librement de son conduit naturel et donner lieu à une fontaine qui eût été, sans doute, un bienfait pour la contrée.

Le remède à un tel état de choses est facile à comprendre et à appliquer : c'est le rétablissement de l'issue naturelle qu'a perdue la source A B, c'est le creusement d'un fossé au point B.

Si, de cette explication générale de la cause qui fait que grand nombre de terres sont fatiguées par l'eau, nous passions à des cas particuliers, nous serions entraînés, par une foule de détails, bien au-delà des bornes que nous ne pouvons franchir en ce moment.

Cependant indiquons encore la circonstance ci-après, fig. 6 : elle est assez commune pour nous arrêter un moment.

On voit encore ici de l'eau souterraine, venant d'un bassin supérieur et se dirigeant dans le sens indiqué par la flèche, en A. En B cette eau rencontre un obstacle qu'elle ne peut franchir, soit une masse pierreuse, soit une masse argileuse, dès-lors elle fait effort pour trouver une issue au travers de la couche de terre qui la recouvre et cette terre sera infailliblement convertie en marais, si on ne porte remède à cet état de choses par les fossés C et D.

Mais une autre cause bien commune du séjour des eaux dans un grand nombre de terres, c'est le voisinage des réservoirs dans lesquels on retient ces eaux, et principalement des réservoirs des moulins.

Presque tous les ruisseaux sur lesquels sont établis des moulins n'ont pas une abondance d'eau suffisante pour maintenir ces derniers constamment en activité. Dès-lors, il est nécessaire d'arrêter l'eau et de la conserver dans un bassin où elle s'accumule jusqu'au moment où elle a acquis assez de volume et assez de hauteur pour être utilement employée. Presque toujours, le niveau qu'on lui procure de cette manière, dépasse de beaucoup celui des terres environnantes et donne lieu à ces infiltrations d'autant plus nombreuses, d'autant plus étendues que les digues du ruisseau sont moins bien entretenues et que la nature du sol est plus sablonneuse, plus facile à se laisser pénétrer par l'eau.

La fig. 7 nous offre un exemple de ce cas, d'ailleurs fort commun. Dans cette figure on voit la coupe transversale d'un réservoir de moulin et des terrains qui lui sont contigus. Ceux qui sont à droite sont supérieurs au niveau des eaux et par conséquent plus à l'abri de leur action. Ceux qui sont à gauche au contraire, lui sont inférieurs et par conséquent exposés à tous les inconvénients que nous venons de signaler.

Pour ces derniers, il n'est guère que le fossé A, parallèle au cours du ruisseau, qui puisse les mettre à l'abri des infiltrations des eaux du réservoir.

Il n'est pas nécessaire de dire que ce fossé doit avoir une pente assez prononcée et être nivelé de manière que l'eau qu'il reçoit s'écoule rapidement, sans quoi ce serait favoriser encore le mal que l'on veut combattre (1).

Mais les fossés réduisent l'étendue de la terre cultivable, puis également ils sont bien souvent un obstacle à la culture et un danger pour les animaux. Enfin, ils demandent des soins d'entretien assez importants. Tous ces motifs font que, dans bien des cas, on a dû chercher des moyens de desséchement, si non plus efficaces au moins plus applicables aux prairies, aux terres en culture, etc...

---

(1) Nous avons vu de fréquents exemples d'égouttements et d'assainissements opérés d'après les principes que nous venons d'exposer, nous nous bornerons à en citer un seul : celui que M. le docteur Fabre, Correspondant de la Société nationale et centrale d'Agriculture de Paris, de l'Académie de Bordeaux, alors maire de la commune de Fauillet, canton de Tonneins (Lot-et-Garonne), fit opérer, il y a quelques années dans cette commune.

Il s'agissait d'une grande étendue de terre que les eaux du ruisseau du *Tolza*, retenues pour les besoins d'un moulin, entretenaient depuis un temps immémorial en état de marais plus ou moins complet. En outre, et c'est là ce qui compliquait beaucoup ce travail, il y avait une source assez abondante dont les eaux traversaient le terrain à dessécher pour venir se jeter dans le bassin du moulin.

M. Fabre, par l'ensemble des travaux fort simples d'ailleurs qu'il fit exécuter, trouva le moyen d'égoutter et d'assainir les terres auxquelles il voulait assurer cette réparation et qui en reçurent une augmentation de valeur considérable ; d'assurer l'écoulement des eaux qui leur nuisaient et aussi de conserver au moulin le produit de la source dont nous venons de parler.

C'est ainsi qu'au lieu de fossés ordinaires à faire dans des prairies, comme dans le cas de la fig. 8, on a trouvé plus convenable d'établir une dépression au fond de laquelle l'eau avait un écoulement facile et qui ne présentait ni l'inconvénient d'un fossé à bords escarpés, ni l'inconvénient de la perte de terre qu'amène toujours un tel fossé. On voit la démonstration de ce double fait dans la fig. 9.

C'est pour les prairies naturelles particulièrement que cette méthode a de la valeur. Son emploi permet de garnir d'herbe toute la surface de ces prairies et fait disparaître les fossés, toujours gênants pour l'exploitation et souvent dangereux pour les animaux.

Enfin on a eu recours aux saignées couvertes, c'est-à-dire, à un système de fossés, de rigoles ou de tuyaux disposés de telle sorte que, tout en fonctionnant au mieux pour le but à atteindre, rien, à la surface de la terre, ne put les faire soupçonner et par conséquent mettre obstacle à la culture de cette même terre.

Les saignées couvertes sont très-variables, quant à la forme à leur donner et aux matériaux à employer pour les confectionner.

Dans les contrées où la pierre est commune, rien n'est plus facile que de les construire en leur donnant la forme de la fig. 10 ou celle de la fig. 11.

Ces deux figures sont la section verticale de deux saignées couvertes, au fond desquelles on a déposé un lit de fragments de pierres susceptibles de livrer passage à l'eau.

Dans la fig. 11, ces pierres sont simplement disposées de manière à former un lit d'une épaisseur convenue.

Dans la fig. 10, elles sont arrangées de manière à laisser, dans le fond de la rigole ou saignée, un canal entièrement libre.

On comprend facilement que, dans l'un et l'autre cas, il faut faire usage de pierres assez dures pour qu'elles puissent conserver leurs formes. Ces sortes de pierres ne sont pas rares dans grand nombre de localités de la Gironde et, là où elles manquent, on peut bien souvent leur substituer ces cailloux roulés que nos fleuves abandonnent sur leurs bords, ou que des eaux plus anciennes ont accumulés sur

des points d'où on les extrait maintenant pour la confec-
tion des routes (1).

Enfin si l'on manque de pierres, de cailloux, de fragments de briques, etc..., on peut substituer à tout cela du
bois : des fagots de chêne et autres, des sarments.

Cette manière de garnir les saignées couvertes ne leur
assure pas une durée aussi longue que la pierre. Cependant
quand elles ont été bien faites, quand on a eu soin de
mettre sur les fagots, avant de les couvrir de terre, une
légère couche de paille, de feuilles, ou autres objets ana-
logues, on prétend qu'elles peuvent fonctionner ainsi pendant 30 et 40 ans.

Une dernière matière à employer, à défaut de toutes
celles qui précèdent, c'est la terre gazonnée, ce que l'on
appelle des *pelous ;* mais en ces cas, la tranchée est disposée, ou comme la fig. 12, ou comme la fig. 13, qui suffi-
sent pour bien faire comprendre ce système.

La terre gazonnée qui sert à former la couverture ou la
voûte de ces saignées, est placée le gazon en bas. Dans la
fig. 12, elle couvre la rigole comme le feraient des briques;
dans la fig. 13, elle y est engagée comme un coin.

Nous n'avons pas besoin de pousser plus loin ces détails,
que l'on trouvera longuement décrits dans tous les traités
d'Agriculture, et qui déjà sont suffisamment connus dans
nos contrées (2).

Depuis quelques années, on a beaucoup exalté le mérite
et les grands avantages des égouttements par saignées couvertes, et quelques personnes mêmes ont cru que c'était
une invention nouvelle; tandis qu'il est prouvé que les an-
ciens les connaissaient et en avaient fait de fréquents usages, notamment les Perses.

Nous reconnaissons tout le mérite de ces sortes de travaux; mais nous sommes heureux de pouvoir dire qu'en
général, ils ont une importance beaucoup moins grande,
beaucoup moins générale, chez nous que chez nos voisins

---

(1) Voir, sur ces dépôts de cailloux, le beau travail de
M. Billaudel : *Bulletin de la Société Linnéenne* de Bordeaux,
t. IV, pag. 227.

(2) Voir notamment : *Maison Rustique du XIXe siècle*, t. 1,
p. 136: *Éléments d'Agriculture pratique,* par David Low, t. 1,
p. 240. etc.

d'outre-Manche, soumis à un climat plus humide et chez qui leur emploi a opéré de véritables merveilles.

C'est ainsi que, chez lord Hatherton, dans le comté de Stafford en Angleterre, avec une dépense de 37,868 fr., on est parvenu à augmenter la rente annuelle de la terre de 11,145 fr. ou environ 29 pour cent du capital dépensé. Aussi le ministre des colonies, dans ce pays, lord Stanley, disait-il : « Aucune banque, aucune spéculation commerciale, » aucune évaluation de capital, n'est aussi solide, aussi » sûre et aussi prudente, que l'emprunt même du capital, » pour placer sous la terre de son propre sol. »

Toutefois, nous ne pouvons nous dissimuler qu'il est dans notre département plusieurs localités pour lesquelles l'emploi des saignées couvertes, l'application de la théorie du *drainage*, seraient d'un immense secours : soit que cet emploi vînt en aide à une culture que l'excès d'eau rend précaire et de peu de valeur : soit que ce même emploi réagit sur la salubrité de ces contrées.

Or, il résulte encore d'un rapport, sur l'hygiène publique, présenté à la reine d'Angleterre, par des savants et des philanthropes distingués des Royaumes-Unis, que les brouillards de ce pays ont perdu beaucoup de leur intensité par l'emploi du drainage ; que le froid a aussi sensiblement diminué ; que les fièvres y sont moins communes, de même que les autres affections ayant pour cause l'excès d'humidité.

C'est ainsi que l'Agriculture, que les perfectionnements qu'elle comporte ont toujours eu pour résultat l'assainissement des contrées dans lesquelles les hommes se sont successivement établis.

C'est en vue de la culture ; c'est pour tirer parti des excellentes terres qu'ils devaient lui offrir, que les marais qui entouraient jadis la ville de Bordeaux, et dont les émanations donnaient lieu à ces *pestes* meurtrières dont parlent les chroniques, ont été défrichés, assainis et mis en état d'exploitation régulière.

C'est pour étendre la culture de la vigne, pour assurer à cette plante un sol sur lequel elle devait opérer des merveilles, que le Médoc, *contrée encore solitaire et sauvage* au temps de Michel Montaigne (1), a reçu le bienfait de la culture.

Il est notoire que les vastes contrées de l'Amérique qui furent les premières habitées par les Européens, qui furent les premières défrichées et mises en culture, ont aujourd'hui un climat beaucoup plus salubre que les autres. Et cependant, a écrit un auteur digne de foi : « En voyant la » consommation d'hommes qui se faisait dans ces régions, » lorsqu'on commença à les occuper, on pensa assez géné-» ralement qu'elles finiraient par dépeupler les états qui » avaient l'ambition de s'y établir. »

Dieu a condamné l'homme au travail : son existence sur la terre est à cette condition. Mais le travail ne se borne pas seulement à assurer le pain de chaque jour, il concourt encore, et en quelque sorte à l'insu de ceux qui s'y livrent, à l'amélioration d'un ensemble de faits d'où résulte pour tous une augmentation progressive de bien-être et de satisfactions !

10 Avril 1849.

Conformément aux intentions de l'administration départementale, le professeur d'agriculture se fait un plaisir et un devoir de répondre à toutes les questions qui peuvent lui être adressées par MM. les propriétaires ruraux et cultivateurs. C'est avec une vive reconnaissance également qu'il reçoit, de leur part, les communications qu'ils veulent bien lui faire, pour les comprendre dans le rapport qu'il présente chaque année au Préfet et au conseil général, sur l'état de l'agriculture départementale.

OUVRAGES DU PROFESSEUR D'AGRICULTURE.

L'Agriculture, recueil mensuel, etc..., 10me année: 12 fr. par an.—
De la Connaissance des terres cultivées, etc.... volume avec planches, cartes et tableaux : 6 fr.
Etudes sur le Prunier et la préparation de son fruit, faites dans le département du Lot-et-Garonne, en vue de la possibilité et des avantages qu'il y aurait à introduire cette culture dans celui de la Gironde. — Présentées au Conseil-Général, session de 1847 ; 110 pages avec de nombreuses figures : 1 fr. 50. c.
A Bordeaux, aux librairies Ch. LAWALE, CHAUMAS et Th. LAFARGUE.

---

(1) Cette qualification du Médoc se trouve dans un ouvrage composé par Étienne Laboëtie, ami de Michel Montaigne, et imprimé à Bordeaux, en 1593.